Omställningens politik

FSC
www.fsc.org
MIX
Papper från
ansvarsfulla källor
Paper from
responsible sources
FSC® C105338

Omställningens politik

Mikael Vallström Löfgren & Anders Persson

Omslag: Amanda Bergström & Martina Bergström
Redaktör: Anders Persson
Formgivning: Martina Bergström
Tryck: BoD – Books on Demand, Norderstedt, Tyskland
Andra upplagan, första tryckningen
ISBN: 978-91-80-57769-4

www.sosstallomsverige.se

INNEHÅLL

FÖRORD

Den här boken är ett försök att tänka politik på ett nytt sätt. Vi föreslår en möjlig demokratisk och politisk lösning, ett systemskifte, i en tid då väldigt mycket i världen går åt fel håll och förändringar till det bättre tycks vara omöjliga.

När vi för sju år sedan formulerade omställningens politik var det i en anda av både hopp och förtvivlan. Vi utgick från en analys av de politiska och ekonomiska systemen som mynnade ut i slutsatsen att en verklig omställning omöjligen kan göras inom dessa system, eftersom de prioriterar makten och pengarna före allt annat. Vi skrev att tiden är knapp.

Idag ser det dessvärre ännu mörkare ut. I stället för ett skifte till en hållbar, fredlig värld, härjar ett krig i Europa. Världens länder kapprustar. Och det kommer åter igen rapporter som säger att klimatförändringarna går fortare och är värre än forskarna befarade.

Vi befarar det värsta: ett världskrig med kärnvapen. En utebliven omställning med oöverblickbara, katastrofala följder både för mänskligheten och naturen. Fler pandemier. Akut brist på livsmedel. Svält.

Det kan inte fortsätta så här. De system vi har fungerar inte. Världens makthavare kommer inte att genomföra de förändringar som måste till. Att i nuläget rusta för krig är det mänskligheten behöver minst av allt; utan en bestående fred kan ingen förbättring äga rum.

Vi behöver kort sagt ett skifte till en annan ekonomi

och andra former av styrning och ledning, som är verkligt demokratiska, och som bärs av en ny, demokratisk och politisk rörelse. Det finns lösningar. Det finns andra vägar.

Vi är förtvivlade, skakade, men inte uppgivna. Vi kan inte bortse från det ansvar vi har för våra barn, för deras framtid, och för planeten Jorden. Vi behöver en politik som sätter omsorgen om varandra och om Jorden först och främst.

Vi har själva börjat praktisera omställningens politik, vi försöker också sätta politiken i rörelse. Vi vänder oss nu till dig och till alla som med oro ser på vad som händer i världen och är beredda att pröva något annat, i öppna samtal och i samarbeten med de medmänniskor som finns omkring oss. Trots allt är vi många som vill göra en skillnad till det bättre.

Mikael Vallström Löfgren & Anders Persson
SOS – Ställ om Sverige, Söderhamnsinitiativet

VARFÖR BEHÖVS OMSTÄLLNINGENS POLITIK?

En exceptionellt allvarlig och akut överlevnadskris

I och med att en tillväxtekonomi som förutsätter en hög energiförbrukning och konsumtionsnivå har kommit att få en global omfattning och inverkan på hela planeten har mänskligheten inträtt i en situation utan tidigare motsvarighet. Människans inverkan har fått allvarliga följder för klimatet, världens skogar och hav, för växt- och djurlivet. Det har beskrivits som att vi numera lever i en antropocen – ”människopräglad” – tidsålder, eftersom människan har förändrat naturen som sådan.[1] Men situationen präglas också av att vi har nått en punkt när förändringarna riskerar att bli ohanterbara och ytterst hotar att omintetgöra människans existens.

Ett vedertaget och tydligt mått på dessa risker är de *planetära gränserna* – det finns nio identifierade och erkända gränser – som inte kan överskridas utan att det får omfattande konsekvenser. Flera av dem har redan överskridits eller är på väg att överskridas. Vetenskapens besked är att överskridandet av gränserna bland annat hotar jordbruksproduktionen, medför stora risker för att marina ekosystem förändras drastiskt och kan leda till att hela ”jordsystemet” destabiliseras. På det hela taget betecknas följderna som potentiellt katastrofala.[2]

Det idag allvarligaste hotet är klimatförändringarna – det är också en av de planetära gränser som har överskridits. Detta faktum har beskrivits som en akut överlevnadskris. Prognosen är att det måste ske en avgörande förändring, ett trendbrott, senast under de närmaste åren för att vi ska kunna klara av att hantera klimathotet.[3] Annars hamnar vi i en situation bortom all kontroll, med eskalerande, extrema och förödande temperaturökningar.

Att med framgång hantera denna kris kräver förändringar som även de saknar motstycke i människans historia. De måste vara exceptionellt omfattande och genomföras på mycket kort tid. De globala utsläppen av växthusgaser behöver minskas till nollnivåer eller nära noll till mitten av detta århundrade, helst redan till 2030.[4] Därmed måste det mesta av de kända reserverna av fossila bränslen (olja, kol, gas) bli kvar i marken.

Ett annat vedertaget mått är det *ekologiska fotavtrycket*, som visar hur stor biologiskt produktiv yta (globala hektar) en person eller ett land använder för sin konsumtion och anger ytans storlek i förhållande till hur stort avtryck vi kan göra ifall det fördelas lika på antalet människor på jorden. Måttet tydliggör att den inverkan vi gör skiljer sig väldigt mycket åt beroende på i vilken del av världen vi bor och beroende på socioekonomiska skillnader. Exempelvis gör vi i Sverige i genomsnitt ett avtryck som är betydligt större än vad det finns utrymme för – vi lever som om det skulle finnas fyra jordklot.[5] Det avspeglar överhuvudtaget den överexploatering och överkonsumtion av begränsade resurser som världens rikare länder och samhällsklasser har att ansvara för.

Sammantaget visar dessa mått och beräkningar att vi har att göra med en global ekologisk kris. De visar också att förändringarna slår olika och hårdast mot de fattigaste. Det gäller framför allt försämringen av världens brukbara mark och den tilltagande bristen på dricksvatten.[6] Samtidigt står vi på randen till en omfattande energikris dels på grund av den brådskande utfasningen av fossila bränslen, dels på grund av *peak oil* (oljeproduktionstoppen), det vill säga att ”toppen” för hur mycket olja som kan utvinnas passeras. Vi kommer då att leva i en värld där olja utgör en bristvara trots att vi ännu inte är i närheten av att kunna ersätta oljan (och andra fossila bränslen) med förnyelsebar energi.[7] Det betyder bland annat att oljeberoende verksamheter som sjukvård och produktionen av mat riskerar att slås ut. Därtill kommer ett nettoenergiproblem som innebär att den förnyelsebara energin inte kan ersätta oljan fullt ut, utan i stället förutsätter radikalt minskad energianvändning.

Den ekologiska krisen och energikrisen leder slutligen till en ekonomisk kris med omfattande sociala och samhälleliga följder. Vi vet att kostnaderna för att inte göra tillräckligt mycket åt klimatförändringarna är enormt stora.[8] Vi vet också att världsekonomin i mycket hög grad bygger på tillgången till billiga fossila bränslen. Dessutom pågår en hårdnande kamp om alltmer begränsade naturresurser. Hela världsekonomin står på en allt skörare grund. Det är också just denna fossilbränsledrivna och kapitalistiska ekonomi som har förorsakat det mesta av "människopräglingen" – vår tidsepok kan därför även beskrivas som "kapitalocen" (kapitalpräglad).[9]

Krissituationen är i sig *tvingande*. De planetära gränserna är inte förhandlingsbara. Att överlevnadskrisen är ett faktum har konstaterats av världens samlade vetenskap. Flertalet av världens makthavare har numera också accepterat vetenskapens besked, vilket bland annat visar sig i beslutet i FN om de globala målen och i klimatavtalet i Paris. Men vi har ännu ingen motsvarande tvingande politik och inte heller något avgörande trendbrott i sikte, även om pandemin har förorsakat en, som det verkar, tillfällig minskning av koldioxidutsläppen. Det betyder att vi ändå inte i praktiken har accepterat beskedet – vi har ännu inte tagit konsekvenserna och påbörjat en tillräckligt omfattande omställning.

Vad som har hänt är att vi inte längre kan använda oss av de modeller, metoder, synsätt och förhållningssätt som vi vanligtvis utgår från. Situationen innebär att inget av detta fungerar; *den har ändrat grundförutsättningarna och spelreglerna för hur samhället kan styras.* Till exempel medför klimatförändringarna att de kostnadsnyttoanalyser och kalkyler som bygger på konsekvensetik (utilitarism), neoklassisk ekonomisk teori och värderingar i monetära termer, och som normalt sett används vid beslutsfattande, är otillräckliga och missvisande. Samhällets karta stämmer inte längre med verkligheten. Förändringarna slår mot själva fundamenten för det ekonomiska och politiska systemet. De gör det nödvändigt att ta fram en ny och väsentligen annorlunda karta med utgångspunkten tagen i en ändrad existensförståelse. Att beslutsfattandet inte längre kan göras på samma premisser som förut betyder också att vi snarast behöver utveckla ett nytt ekonomiskt och politiskt system, "en etik och politik för framtiden och samtiden".[10]

Överskridandet av de planetära gränserna innebär att vi inte längre är herrar över situationen. Det finns inget val att inte göra något åt krisen – annat än att situationen förvärras och blir katastrofal. Detta är ett *nytt villkor*. Vi kan endast rätta oss efter de planetära gränserna och begränsa fotavtrycket till en hållbar omfattning om vi som mänsklighet ska ha en framtid. Ingenting kan vara viktigare än att lyckas med denna uppgift.

Behovet av en återupplivad demokrati och politik

Tillståndet för demokratin och politiken präglas av att den globala finanskapitalismen har satt demokratin ur spel.[11] Den politik som är möjlig att föra har begränsats till att huvudsakligen vara en politik i kapitalismens tjänst. De tydligaste exemplen är de enorma summor offentliga medel som användes för att rädda det ekonomiska systemet vid finanskrisen 2008 och nu senast under pandemin. Vanligtvis förs politiken genom avregleringar, privatiseringar, nedskärningar, skuldsättning, frihandelsavtal och näringslivsliknande styrning av offentlig sektor (s.k. *new public management*). Det rör sig om en nyliberal världsordning som inte tillåter någon politik som utgör ett verkligt alternativ och som skulle kunna hota den ekonomiska makten. I praktiken styrs världen idag av en global ekonomisk och politisk elit som har blivit alltmer sammanflätad. Dessutom har ett litet antal exceptionellt förmögna personer ett direkt och avgörande inflytande över världspolitiken och de största företagen.[12]

Att inom denna världsordning genomföra en omställning som är samhällsgenomgripande och förutsätter att ekonomin underordnas allmänintresset är praktiskt taget omöjligt. Själva kapitalismens idé att pengar och obegränsad tillväxt ska styra hur världens samhällen fungerar är oförenlig med det som motiverar omställningen: nödvändigheten att anpassa och begränsa ekonomin till vad planeten tål.[13] Omställningen sätter bestämda gränser eller rättare sagt accepterar och rättar sig efter de naturgivna gränserna.

Eftersom demokratin är satt ur spel måste den återupplivas. Utan en fungerande demokrati och en politik för omställning kan vi aldrig lyckas med uppgiften att vända utvecklingen innan det är för sent. Återupplivandet måste också ha ett tydligt mål: *att skapa ett vitaliserat demokratiskt och politiskt system som är starkt nog för att kunna ändra på de globala maktförhållandena.* Det måste vara en demokrati som förmår ta makten över ekonomin.[14] Demokratins återupplivande förutsätter i sin tur en global social rörelse. Den demokratiska utvecklingens historia visar att endast tillräckligt stora folkrörelser har kunnat ändra på maktförhållandena till folkflertalets fördel. Så vanns också en gång de demokratiska rättigheterna, den allmänna rösträtten och välfärden för alla medborgare.

Den globala rörelsen för omställning är alltså den möjliga förändrande kraften. För att kunna bli så kraftfull som situationen kräver måste den vara bredare och mer omfattande än vad någon rörelse hittills har varit. Det behövs en ”rörelse av rörelser”, som kan tilltala och engagera världsbefolkningens mångfaldiga mängd; något liknande det som har kallats ”de nittionio procenten” eller ”multituden”.[15] Och den måste i sig vara en demokratirörelse som – liksom tidigare folkrörelser (t.ex. arbetarrörelsen, frikyrkorörelsen, kvinnorörelsen) – skapar sina egna organisationer och demokratiska institutioner. Först då möjliggörs omställningens politik.

Tillståndet för demokratin och politiken har också ett nära samband med den akuta överlevnadskrisen. Det ekonomiska och politiska systemet driver på utvecklingen åt fel håll på grund av att det förutsätter ständig ekonomisk tillväxt (mätt i ökad BNP) och eftersom kapitalismens drivkrafter är kortsiktigt exploaterande.[16] Det gör att tillståndet i grunden är motsägelsefullt – att vi lever i en värld med dubbla och oförenliga budskap. Den nuvarande politiken är en tillväxtpolitik som sätter ekonomiska intressen före allmänintresset och överlevnadsfrågan, och som bara tillåter hållbara lösningar inom tillväxtens ramar.[17] Eftersom de planetära gränserna är tillväxtens gränser kan det inte vara annat än en tidsfråga innan kriserna fördjupas och förvärras ytterligare.

Kristillståndet har destabiliserat det ekonomiska och

politiska systemet, det har medfört ett förändrat politiskt landskap och undergrävt demokratin. Tillståndet föder farliga motreaktioner, skapar sociala motsättningar och gynnar krafter som inte ens erkänner problemen. I stället för ett konstruktivt politiskt samtal pågår ett maktspel där informella kontaktnät, lobbying och opinionsbildning avgör politikens inriktning.[18] Politiken för hållbar utveckling är till största delen en signalpolitik med åtskilliga beslut om politiska mål och policydokument utan att besluten faktiskt genomförs och prioriteras.[19] På ett liknande sätt ägnar sig många större företag åt *greenwashing* (gröntvättning) för att påskina att de är mer miljövänliga än vad som faktiskt är fallet.

Att världens finansiella kapital, såväl det privata som offentliga, idag huvudsakligen finns i en spekulationsdriven, skuldsättande och vinstmaximerande ekonomi, i aktiebörser och lån eller samlas i s.k. skatteparadis, är oacceptabelt, oansvarigt och ohållbart. Att nationer och individer sätts i skuld tvingar nationerna och individerna att rätta sig efter kapitalistiska intressen. Att stora summor dessutom används till investeringar i utvinning och användning av fossila bränslen är direkt skadligt och hotar möjligheten att ställa om. Pengarna behövs för att säkra den gemensamma överlevnaden, inte för upprätthållandet av ett ohållbart system.

Att den nyliberala tillväxtpolitiken har misslyckats och försatt oss i en ohållbar situation kan också innebära en öppning och ny möjlighet för omställningens politik. I så fall befinner vi oss i en övergångsperiod.[20] Det tydligaste tecknet på denna möjlighet är de nya sociala rörelserna – alltifrån den globala rättviserörelsen till dagens klimatrörelser och protester mot korrupta regimer – som just är rörelser som motsätter sig den nuvarande politiken.[21] Men rörelserna har fortfarande inte fått ett politiskt genomslag. Det finns inte heller någon gemensam agenda eller några mål som samlar dem. Ett problem är också att andra, antidemokratiska och nynationalistiska rörelser utan intresse för omställningen har vuxit under senare tid.

Förutom att ta sig an uppgiften att bygga ett annat ekonomiskt system och en återupplivad demokrati – som är ett svar på och sätt att hantera det nuvarande tillståndet – måste omställningens politik även vara en politik som förmår samla rörelserna inom en ny ram och kring det gemensamma åtagandet att ta tag i situationen som sådan. Politiken ska då också kunna motverka och bemöta de krafter som vill se en annan, i grunden ohållbar, odemokratisk och våldsbenägen samhällsutveckling. Eller som i värsta fall startar ett fullständigt hänsynslöst krig och hotar världen med kärnvapen.

POLITIKENS MÅL, GRUNDLÄGGANDE VÄRDERINGAR OCH DEMOKRATISKA FORMER

Utgångspunkter

Omställningens politik är genomgripande, omfattar hela samhället och har ett långsiktigt tidsperspektiv. Politiken syftar till en omställning som förändrar hur samhället organiserar sin försörjning, bygger en annan ekonomi och demokratiserar makten över samhällsutvecklingen. Till skillnad från den etablerade politiken för hållbar utveckling, som förutsätter att omställningen kan göras inom de nuvarande systemens ramar, menar omställningens politik att det är dessa system som har försatt oss i en ohållbar situation och att systemen därför är olämpliga när det gäller att komma tillrätta med de grundläggande problemen. Omställningens politik utgår från andra grunder, sätter nya ramar och mål. Dessa grunder är ansvarstagandet, ramarna är planetära och målet den gemensamma överlevnaden.

Politiken måste vara verksam på flera nivåer samtidigt: på den globala nivån, på den nationella, regionala och kommunala nivån, och lokalt i städer, stadsdelar, på mindre orter och i byar eller bygder. Den utgår från den lokala nivå där människor lever sina vardagliga liv och har störst möjlighet att vara delaktiga i samhällsförändringarna. Denna nivå är också de sociala rörelsernas och det civila samhällets primära nivå.

Omställningens politik tjänar endast allmänintresset och uppgiften att ställa om samhället till att bli långsiktigt hållbart. Den måste därför stå helt fri från ekonomiska intressen och får inte låta sig påverkas eller korrumperas av lobbyism eller företag med egna agendor.

Politikens viktigaste budskap är att vi måste inse att situationen är exceptionellt allvarlig och akut – men inte hopplös. *Vi kan hantera situationen och skapa ett hållbart samhälle om vi gemensamt, djupgående och i global omfattning omedelbart påbörjar omställningen.* Det betyder att redan idag börja tillämpa *alla* verkligt hållbara lösningar i full skala.

Det kanske mest hoppingivande är att situationen också är ny på så vis att vi har en för hela mänskligheten gemensam situation som rör allas överlevnad. Detta har aldrig inträffat tidigare. Vi är numera alla världsmedborgare.[22]

Politikens mål

Det primära och suveräna målet är överlevnaden

Omställningens politik är först och främst en politik för överlevnad – det är en livs- och existenspolitik. Politikens primära mål är att bevara det liv och de livsförutsättningar som utgör grunden för människans och alla andra levande varelsers existens. Att föra en politik som inte håller sig inom dessa ramar kan inte längre vara en politisk möjlighet; all sådan politik sätter livsförutsättningarna och andra människors liv på spel. Alltså har omställningens politik ett i grunden annat syfte och en annan mening än den rådande tillväxtpolitiken.

Politikens främsta uppgift är att hantera den uppkomna situationen på ett så ansvarsfullt sätt som möjligt: att bevara förutsättningarna för liv och föra livet vidare till kommande generationer. Politikens mål är ett livsbejakande överlevnadsmål som är överordnat alla andra mål. Målet är *suveränt*. Det kan inte åsidosättas, men är suveränt nog för att kunna åsidosätta det som hotar överlevnaden. Det utgör en portalparagraf för hela omställningen.

Målet motsvarar det hållbarhetspolitiken betecknar som det ekologiska målet och kan konkretiseras i begränsade utsläpp och ett minskat ekologiskt fotavtryck. Men det handlar också om att komma fram till en ny existensförståelse, det vill säga att ställa om till ett samhälle där denna förståelse utgör en vägledande grund.[23]

Samhällsutvecklingens mål är sociala och kulturella

Den nuvarande politiken och de ekonomiska systemens drivkrafter medför ojämlika förhållanden, social otrygghet, konflikter och existentiell ovisshet. Systemen motverkar de förmågor och drivkrafter vi behöver. I stället för tillväxtmålet är politikens mål social trygghet, sammanhållning och meningsfullhet. Målet blir därmed ett uppfyllande av löftet om de mänskliga rättigheterna och om en generell social välfärd som inte utestänger någon. Målet motsvarar målen ekonomisk och social hållbarhet, exempelvis minskad fattigdom, jämställdhet och ökad jämlikhet. Men det upphäver föreställningen om att hållbarhetsmålen och tillväxtmålet kan förenas, istället blir de sociala och kulturella målen överordnade ekonomins vinstmål. De blir ekonomins nya syfte och mening.

Måttet på samhällets framgång är alltså inte längre ökad BNP (det indikerar tvärtom ett stort avtryck), det är *det minskade eller hållbara ekologiska fotavtrycket och den ökade sociala jämlikheten och tryggheten.*[24] Det kulturella målet är en livsbejakande existensförståelse som utgår från omsorgen om våra egna och andras liv, om naturen och Jorden i sin helhet.[25] Ekonomin kan inte längre ignorera de planetära gränserna. Den kan inte heller vara ett mål i sig eller ett överordnat mål. Ekonomins funktion och syfte måste i första hand vara att bidra till att säkra den gemensamma överlevnaden, den måste också underordnas demokratin och bli långsiktigt hållbar. Drivkraften kan inte vara "girighet och rädsla" (*greed and fear*) när mänskligheten ska enas om långsiktiga lösningar för allas bästa.[26] En av de främsta uppgifterna för omställningens politik är därför att utveckla en annan, resurshushållande och demokratiskt styrd ekonomi.

Visionen om det ekologiskt, ekonomiskt och socialt hållbara samhället

Omställningens politik rättar sig efter vetenskapens besked om vilka tidpunkter som är avgörande för att vi ska kunna nå hållbarhetsmålen. Politiken ser beskeden och målen som tvingande och bindande. Samtidigt måste politiken vara öppen för att beskeden kan ändras. Politiken ser också målen som en vision om ett omställt, ekologiskt, ekonomiskt och socialt hållbart samhälle lokalt och globalt.

Visionen beskriver en demokratisk möjlighet att skapa önskvärda samhällen och en gemensam framtid inom de planetära gränsernas ramar. Visionen konkretiseras i lokalsamhället till en för platsen unik vision för samhällets framtid. Det innebär att världens medborgare redan nu börjar göra omställningen i sina vardagliga liv och med andra genom att tillämpa och praktisera lösningar som är visionära, dvs. som utgår från en idé om det omställda samhället.

Politikens grundläggande värderingar

Det etiska kravet och ansvarstagandet för livsförutsättningarna

> ”... först den förutsedda vanställningen av människan hjälper oss att se den människa som måste skyddas. Vi vet *vad* som står på spel först när vi vet *att* det står på spel.”
> – Hans Jonas, *Ansvarets princip* (1979/1994, s. 18)

Omställningens politik är dels sprungen ur den situation vi befinner oss i, dels ur ett *etiskt krav.*[27] Situationen är historiskt sett unik och har medfört en insikt om en förutsedd ”vanställning” av människan (mänskligheten) och naturen. Denna insikt leder oss fram till ansvarstagandet, till en vilja att handla på ett sätt som kan göra det möjligt att hantera situationen och lyckas med omställningen. Det etiska kravet aktualiseras när vi blir varse om att vi har andra människors liv i vår hand, när deras existens beror på vårt handlande. Det blir då en ”uppfordran till handling”.[28] På grund av att vi har kommit till en punkt där mänsklighetens framtid och livsförutsättningarna har satts på spel omfattar nu det etiska kravet även framtida generationer och säkrandet av mänsklighetens och naturens existens som sådan.[29] Hotet har blivit reellt. Vi har därmed även ett unikt stort ansvar.[30]

Det etiska kravet innebär också ett bejakande av de

”suveräna livsyttringarna” – de som visar omsorg om livet och livsförutsättningarna och som beror på livsförståelsen – och vänder sig mot de ”instängda livsyttringarna”, det vill säga de handlingar som förstör livsförutsättningarna.[31] Livsförståelsen säger oss att livet bäst förstås som en gåva, som något som är oss givet, och som vi har att förvalta på ett sätt som för livet vidare till efterkommande generationer. Bejakandet av de suveräna livsyttringarna innebär att omställningens politik har en ur livsförståelsens synpunkt sett positiv grund och drivkraft.

Naturen värdesätts och får juridiska rättigheter

Eftersom naturens och livets framtida existens står på spel behöver naturen företrädas och värdesättas. Omställningens politik erkänner naturen som ett juridiskt subjekt med rättigheter. Därmed får i princip alla medborgare möjligheten att föra naturens talan gentemot förstörelsen av världens livsmiljöer.[32]

På ett liknande sätt behöver ekosystemtjänsterna både värdesättas och skyddas juridiskt. Överhuvudtaget får demokratins institutioner större rätt att begränsa exploateringen av naturresurserna – det vill säga juridiska möjligheter att se till att ekonomin håller sig inom de planetära gränserna. Det betyder bland annat att de frihandelsavtal som sätter kapitalets vinster före demokratin och tillåter företag att stämma nationer inte kan ses som legitima avtal, utan tvärtom betraktas som brott mot naturens och människans rättigheter.

Människors grundläggande behov säkras och erkänns som rättigheter

Istället för de system, regelverk, avtal och byråkratiska ordningar som gagnar den globala livsmedelsindustrins intressen inför omställningens politik principen om *matsuveränitet*. Det betyder att tillgången till mat ses som en grundläggande mänsklig rättighet och att lokalbefolkningens rätt att själv bestämma och ha kontroll över matproduktionen säkras.[33]

Livsmedlen kan alltså inte enbart ses som en handelsvara. Eftersom det finns stora risker – som också blev uppenbara under pandemin – för framför allt en global livsmedelskris är det en högt prioriterad uppgift för politiken att säkra tillgången till livsmedel inom en snar framtid och på ett långsiktigt hållbart sätt. Här är målet tryggad lokal livsmedelsförsörjning och matsäkerhet.

På ett motsvarande sätt erkänner omställningens politik människors grundläggande behov av rent vatten, energi och bostäder som nödvändiga och suveräna rättigheter. Det blir därmed politikens uppgift att även säkra tillgången till dessa rättigheter lokalt och långsiktigt, så att de marknadslösningar som är avgörande idag ersätts med demokratiska och rättvisa lösningar.

Människors rätt till försörjning, arbete och ekonomisk trygghet erkänns genom införandet av en generell basinkomst

Lika lite som ekonomin och tillväxten kan vara mål i sig kan lönearbete och sysselsättning vara det.[34] Omställningens politik innebär att det väsentliga är vad arbetet syftar till och att människor kan arbeta med omställningen utan att arbetet måste göras inom lönearbetets form och lönsamhetens ramar. Skiftet från fossila bränslen till förnyelsebar energi (främst solenergi och vindkraft) skapar redan idag nya arbeten medan andra jobb försvinner just på grund av avvecklingen av de fossila bränslena. Samtidigt har många svårt att kunna försörja sig på arbetet för att ställa om. Omställningsarbetet görs ofta inom tidsbegränsade projekt och i form av ideellt arbete. Vad som behövs är därför dels en omställning av arbetsmarknaden, dels av synen på arbetets mål och mening, på vad som är ett viktigt och av samhället värdesatt arbete.

Införandet av en generell (universell) basinkomst frigör arbetet från lönearbetets form och människors tid för att kunna arbeta med omställningen och i de demokratiska processerna utan lönsamhetskrav eller byråkratiska krav. Basinkomsten kan kopplas till en "värnplikt" för värnandet av existensvillkoren och till demokratiskt deltagande, frivilligt och som ett etiskt ansvarstagande.[35] Den kan också betalas ut i form av en komplementär valuta som bara kan användas till inköp av lokalt producerade varor och tjänster, vilket skulle leda till en avgörande förbättring av förutsättningarna för lokal matproduktion och överhuvudtaget utvecklingen av lokala ekonomier.[36] Förutom att basinkomsten garanterar allas grundläggande ekonomiska trygghet och välfärd kan den alltså även utformas på ett sätt som direkt motverkar beroendet av en kapitalistisk ekonomi och i stället främjar omställningen av det ekonomiska systemet.

Basinkomsten avskaffar de byråkratiska kontrollsystem som idag kringgärdar arbetslivet och inskränker arbetslösas eller sjukskrivnas frihet. Basinkomsten är också ett konkret värdesättande av *allt* arbete. Den gör det möjligt att fritt få använda och utveckla de kunskaper och kompetenser som annars inte är möjliga att försörja sig på; alltså möjliggörs infriandet av det moderna samhällets löfte om människans rätt att få leva ett fritt liv.[37]

Gemensamma lösningar istället för individuella

Omställningens politik lägger inte huvudansvaret på den enskilda individen. Den är i stället en rörelse bort från individualismen. Det finns naturligtvis ett personligt ansvar, men inte att själv kunna lösa de problem som är hela mänsklighetens. Föreställningen om att människors individuella val ska resultera i det som är bäst för det gemensamma har aldrig stämt med vad som verkligen sker. Vi vet också att valet av så kallade miljövänliga lösningar och produkter inte heller är tillräckligt eller i sämsta fall vilseledande på grund av *greenwashing* eller bristen på helhetssyn. Omställningens politik kommer därför att prioritera gemensamma, samhälleliga lösningar framför individuella. Det gäller exempelvis nya former av gemensamt ägande och delande och främjandet av kollektivtrafik och kollektiva boendeformer.

Jämlik fördelning och jämlika samhällen

Omställningens politik utgår från att vi måste minska

det avtryck vi gör och från vetskapen om att hur stort avtrycket är varierar betydligt, beroende på den ojämlika världsordning som bygger på rikare länders och samhällsklassers exploatering av lågavlönad arbetskraft och världens naturresurser. Klassamhället och den globala ojämlikheten avspeglar sig i skillnader i ekologiskt fotavtryck och ansvar för den uppkomna situationen. Den globala elit som har störst resurser och möjligheter att förändra situationen har i och med sin finansiella makt och sina prioriteringar det största ansvaret. Därför är omställningen också en fråga om ett systemskifte som förändrar de maktförhållanden som avgör vem eller vilka som tillägnar sig resurserna, hur de fördelas och vad som är ett hållbart och rimligt avtryck.

Omställningen förutsätter en mer jämlik värld och tar fasta på kunskapen om att samhällen som främjar jämlikhet också är bättre fungerande och fredligare samhällen, med mindre motsättningar och gynnsammare förutsättningar för att åstadkomma lösningar för det gemensamma bästa.[38] Alltså är omställningen i grund och botten en global demokrati- och rättvisefråga.

Jämställda samhällen är en förutsättning för att lyckas med omställningen

Vi vet att den avgörande makten i världens samhällen idag i oproportionerligt hög grad innehas av män. Det finns starka patriarkala strukturer och härskartekniker som begränsar kvinnors möjligheter att komma till tals och att få bestämma över samhällsutvecklingen. Vi vet också att kvinnor tenderar att göra ett mindre ekologiskt avtryck än män. Jämställda samhällen och organisationer utgör även en bättre grogrund för nytänkande och större mångfald av lösningar på hållbarhetsfrågorna. Omställningens politik utgår därför från att ett jämställt samhälle och jämställda organisationer, företag och myndigheter är en nödvändig förutsättning för att kunna lyckas med uppgiften att ställa om samhället. Alla behövs och kan bidra, allas kunskaper är värdefulla – oavsett kön eller genus.

Bejakande av människors förmåga till fredlig samexistens

Omställningens politik syftar till att åtgärda de globala och nationella konflikternas grundorsaker. Dessa orsaker är framför allt den globala ojämlikheten och imperialismen, bristen på demokratiska rättigheter och bristfälligt fungerande demokratier, samt klimatförändringarnas följder.[39] Vi lever numera i en värld med tilltagande resursbrist och resursknapphet (främst brist på rent vatten och odlingsbar mark), där konflikter kring utvinningen av fossila bränslen (främst olja) och mineraler blir allt vanligare, samtidigt som klyftorna mellan rika och fattiga blir större. Omställningens politik är därför en fredspolitik – en politik för fredlig samexistens – som inte ser militära ”lösningar” som långsiktiga och hållbara lösningar. Det är en politik som aldrig kan sätta nationella eller imperialistiska intressen före mänsklighetens gemensamma framtid. Politiken ska också motverka de koloniala mönster och strukturer som återspeglas i geopolitiska maktförhållanden. Frågan om den gemensamma överlevnaden gäller alla, oavsett nationella, kulturella, sociala och historiskt skapade skillnader. Därför har också förmågan att föra samtal och dialoger som kan överbrygga skillnaderna en avgörande betydelse.

Demokratins och politikens former

En livs- och existenspolitik som företräder mänskligheten och naturen

Politikens utformning börjar med insikten om att den exceptionellt allvarliga situation vi befinner oss i också innebär ett nytt demokratiskt och politiskt villkor. Situationen sätter ramarna och utgör en förutsättning som vi måste förhålla oss till, oavsett vad vi själva tycker om saken. Demokratins och politikens nya ramar och villkor har också flera djupgående följder för dess former och funktionssätt.

Politiken för omställning företräder inte någon specifik samhällsklass eller grupp av människor. Den riktar sig inte heller till eller utgår från "folket", den begränsar sig inte till någon nation eller något nationellt intresse.[40]

Den företräder naturen och riktar sig till hela världsbefolkningen – till världsmedborgaren.[41] Eftersom mänsklighetens framtid och naturen som sådan står på spel måste både naturen och mänskligheten företrädas och de "nittionio procenten" förenas så långt det är möjligt i en gemensam insikt om det ansvar vi har i och med den uppkomna situationen. Omställningens politik inser att det finns en global elit, ”en procent”, som i praktiken kontrollerar världsekonomin och hindrar omställningen, men exkluderar i princip ingen människa eftersom politikens ”vi” är hela mänskligheten.

Politiken utgår från den lokala nivån och förutsätter en lång tidshorisont

Till skillnad från den etablerade politiken tillför omställningens politik den lokala nivån, som den utgår från, och den globala, som har blivit politikens nya villkor. Därmed förs politiken i andra rum och med en längre tidshorisont – politikens ”första rum” är inte längre nationen och parlamentet utan platsen och det mellanmänskliga mötet.

Omställningen för oss tillbaka till *agoran* (torget), till samtalet och till behovet att kunna föra en ”dialog mellan kulturer”.[42] Tidshorisonten måste vara utsträckt över flera generationer och anpassad till en ny planeringshorisont, som utgår från de vetenskapligt beräknade gränserna för utsläpp och ekologiskt fotavtryck. Omställningens politik kan därför inte vara begränsad och anpassad till perioder för parlamentariska val – i stället måste det demokratiska och politiska systemet anpassas till situationen.

Politiken utfärdar inga utopiska löften, den beskriver i stället en konkret framtidsvision

Politiken utgår från frågan om vad som måste och kan göras för att åstadkomma den omställning situationen fordrar. Den kan inte begränsa sig till vad som är ideologiskt rätt eller fel, den kan inte heller på förhand utesluta något svar eller någon lösning som bidrar till omställningen.[43] Den rättar sig efter de planetära gränserna och inser att eftersom situationen är exceptionell så kommer vi att behöva hantera sådant som vi aldrig förut har hanterat eller kan veta svaret på. Politikens visioner är i första hand lokala och kopplade till en plats, där den utgår från de givna förutsättningarna. Den *har en plats* i motsats till utopin, som per definition är platslös och inte erkänner några naturgivna gränser.[44]

Den återupplivade demokratin är en globalt omfattande, lokalt förankrad och deliberativ (överläggande) demokrati

Omställningens politik innebär att den politiska makten finns i den demokratiska processen. Det är också där de konkreta lösningarna utformas. Politiken bygger på att alla medborgare kan vara delaktiga i omställningen. Den överlåter inte makten åt ett politiskt parti, den förutsätter tvärtom en politik utan partier (som representerar grupper, klasser, särintressen, nationer). Politiken förs i rörelsen av rörelser och i det demokratiska genomförandet av omställningen, ”underifrån” istället för ”uppifrån”. Politiken kan i princip företrädas av vem som helst – av världsmedborgaren. Processen är deliberativ (överläggande), de beslut som tas är välinformerade och genomtänkta. Demokratin har sin grund i samtal, samråd och rådslag. Den bygger tillitsfulla relationer. Det politiska samtalet har en öppen, transparent och socialt och kulturellt mångfaldig karaktär.[45]

Lokal och gemensam förvaltning av begränsade naturresurser, skyddade och återupprättade allmänningar

På grund av vetskapen om fördelarna med gemensamma resurspooler prioriterar politiken lokal förvaltning av naturresurser och allmänningar framför privat eller nationalstatlig förvaltning.[46] De livsnödvändiga allmänningar och begränsade naturresurser – klimatet, ekosystem, dricksvatten, fiskevatten (hav, sjöar, älvar), ren luft, odlingsbar jord, skogar – som hotas av förstörelse och till stora delar har privatiserats behöver återupprättas, skyddas och i så stor utsträckning som möjligt omfattas av gemensam självorganisering och förvaltning. En viktig poäng är att förvaltningen kan rymma alla aspekter av hållbarhet och utgår från en helhetssyn på naturresursen. Politiken omfattar också sociala och kulturella allmänningar såsom torg, parker, offentliga mötesplatser och informationsbaserade allmänningar. När det gäller de globala allmänningarna – främst klimatet, men också problemen med överfiske och förstörda ekosystem i världshaven – behövs en global förvaltning med rättsliga instanser, lagstadgat skydd samt planer för långsiktig återuppbyggnad av ekosystemen.

OMSTÄLLNING AV FÖRSÖRJNINGSSYSTEMEN, MARKNADSEKONOMIN OCH DEN OFFENTLIGA SEKTORN

De politiska förslag som presenteras här är varken heltäckande eller färdigformulerade. Det är snarare utkast, skisser, idéer och exempel som tillsammans formar en agenda för samhällets omställning. Förslagen rör olika samhällsområden och nivåer. De beskriver en genomgripande förändring inom varje område. De visar vad omställningen kan innebära konkret både lokalt och i samhället i stort. Det väsentliga är att förslagen ska kunna inspirera till fler idéer om hur ett bättre samhälle kan se ut. Med förslagen förmedlas budskapet att omställningen möjliggör ett rikare politiskt landskap, där det både är möjligt och önskvärt att föreställa sig politiska lösningar som idag tycks vara otänkbara. Förslagen bygger huvudsakligen på de erfarenheter och den idéutveckling som har gjorts bland de som har påbörjat arbetet med omställningen.

Omställning av försörjningssystemen

Omställningen fordrar att samhället på mycket kort tid och fullständigt upphör med användningen av fossila bränslen. Politiken innebär därför att försörjnings- och transportsystemen omorganiseras till att bli mer småskaliga, lokaliserade och anpassade till den förnyelsebara energins förutsättningar. Samhället går från att vara anpassat för en hög energiförbrukning till att bli ett s.k. lågenergisamhälle med en så effektiv och sparsam energianvändning som möjligt. Alla investeringar i samhällets infrastruktur och system prövas och görs med hänsyn till hållbarhetsmålen. Omvänt sett tillåts inga investeringar som inte lever upp till dessa mål.

Produktionen av mat ställs om från en globaliserad matindustri till lokalt anpassad (närproducerad) livsmedelsförsörjning

Omställningen av livsmedelsförsörjningen innebär ett omfattande skifte från dagens globaliserade och industriella jordbruk och mathantering till lokaliserad (närproducerad), småskalig och ekologiskt hållbar matproduktion och hantering. Omställningen bryter först och främst livsmedelsproduktionens olje- och transportberoende. Den avser också att i grunden förändra och avveckla de globala, storskaliga system som bygger på ohållbar exploatering av mark, grödor och vatten, och spekulation kring livsmedlen. I praktiken betyder det att utvecklingen vänds från att lokal matproduktion slås ut av billiga importvaror till att den lokala matproduktionen och all odlingsbar mark skyddas och får förutsättningar för att utvecklas på ett långsiktigt hållbart sätt.

På grund av livsmedelsförsörjningens globalisering och industrialisering saknas oftast en fungerande *lokal kedja för livsmedelsproduktion*, det vill säga för mindre, lokalt förankrade producenter, lokal förädling, distribution och försäljning. Kedjan behöver därför återskapas och organiseras på ett långsiktigt hållbart sätt. En viktig grundförutsättning bör vara att all skolmat och mat som serveras inom offentlig omsorg och vård är närproducerad och ekologiskt hållbar. Det finns även ett kommunalt ansvar för livsmedelsförsörjningen som talar för en sådan lösning. Inom ramen för den lokala livsmedelsproduktionen finns även flera lösningar – bland annat s.k. *community supported agiculture* (CSA) eller andelsjordbruk – som kan vidareutvecklas och spridas i större, regionala och nationella nätverk.

En annan viktig och vägledande grund för utvecklingen av en lokalt anpassad livsmedelsförsörjning är *kretsloppsprincipen*. Det betyder bland annat att djurhållningen ses som en garant för tillgången till gödsel lokalt och att odling görs med hänsyn till naturliga växtföljder och en ständig strävan att minska mängden insatt energi.

Energiförsörjningssystemen ställs om från att vara beroende av fossila bränslen och storskaliga lösningar till förnyelsebar och småskaligare energiförsörjning

Energiomställningen måste vara exceptionellt omfattande och behöver göras på mycket kort tid – den är i nuläget mest brådskande och högst prioriterad. Vi ser att de tekniska lösningarna finns och utvecklas snabbt, att det behövs ett politiskt stöd för omställningen och att stödet till fossila bränslen måste upphöra. Energiområdet är ett område där omställningen till förnyelsebar energi under lång tid motarbetats av samhällets styrande krafter trots ett stort folkligt stöd för att ställa om energiförsörjningssystemen.[47] Energiomställningen görs därför främst genom att bryta det maktförhållandet, genom demokratisering, decentralisering och lokalisering av energiframställningen och ägandet.

I och med att den nya tekniken för förnyelsebar energi – främst solenergi och vindkraft – möjliggör innovativa ekonomiska, sociala och samhälleliga helhetslösningar kan omställningen exempelvis göras i form av gemensamt ägande av småskaliga energisystem (vindkraftverk och solcellsparker).[48] Det kräver även ändrade regelverk, som förändrar villkoren för ägande, egenproduktion och makten över systemen.

Skogsbruket ställs om till att långsiktiga miljövärden och bevarandet av världens skogar överordnas kortsiktiga ekonomiska intressen och ohållbar exploatering

Världens jordbruksmark, vatten och skogar utgör begränsade och livsnödvändiga resurser som behöver skyddas från fortsatt exploatering och förstörelse. I likhet med vad som skett inom jordbruket har en global skogsindustri drivit på utvecklingen i en ohållbar, överexploaterande, energikrävande och fossilbränsleberoende riktning. Den odlade marken och skogarna är dessutom viktiga kolsänkor som spelar en avgörande roll för att vi ska kunna hålla utsläppen av koldioxid på en hållbar nivå. Därför måste all s.k. *landgrabbing* (”markrofferi”) stoppas omedelbart. Skogs- och jordbruksmarken bör istället ägas och skötas lokalt, inom kretsloppsprincipens och den lokala förvaltningens ramar. Det kan exempelvis göras genom en övergång till ett hyggesfritt kontinuitetsskogsbruk, som både minskar utsläppen av koldioxid och bibehåller skogens ekologiska system.[49]

Transportsystemen och resandet ställs om till minskade globala transporter och kollektivt resande

Framför allt minskas de globala transporterna ned till ett minimum, vilket hanteringen av pandemin har visat är fullt möjligt. Den minskning omställningens politik främjar görs huvudsakligen genom lokaliseringen av ekonomin och en motsvarande utveckling av lokala resor och transporter. Det kollektiva resandet prioriteras framför det privata eller enskilda, resande med tåg prioriteras före resande med flyg och biltrafik.

En global massbilism är inte förenlig med en samhällsutveckling som håller sig inom de planetära gränserna. Bilindustrins omfattande *greenwashing* (eller till och med manipulationer av utsläppen) och vilseledande uppgifter om s.k. miljöbilar måste upphöra och ersättas med adekvata fakta. De transportlösningar som tas fram ska bygga på att man ser till hela livscykelperspektivet för till exempel produktionen och användningen av bilar.

Bostadsbyggandet, boendet och förvaltningen av bostäder ställs om till ökad återvinning och gemensamma boendelösningar.

En spekulationsdriven bostadsmarknad är varken socialt, ekonomiskt eller ekologiskt hållbar. Omställningens politik låter därför inte marknaden eller pengarna styra hur vi bor och vilka bostäder som byggs, utgångspunkten är i stället människors rätt till ett anständigt boende och minskningen av det avtryck som förorsakas av ohållbara ”marknadslösningar”. Eftersom nyproduktionen av bostäder har en stor klimatpåverkan prioriterar politiken användandet och omställningen av de bostäder och byggnader som redan finns.[50]

Bebyggelsen av odlingsbar mark måste upphöra. Generellt har vi i Sverige en stor andel ensamhushåll och onödigt stora bostadsytor. Här styrs bostadspolitiken om från att vara inriktad mot byggande av nya bostäder och privata ägandeformer till att verka för bevarande och gemensamma boendeformer. I stället för rivningar, lyxrenoveringar och bristfälligt underhåll av bostäder prioriteras byggnadsvård, användning av långsiktigt hållbara material och omsorg om boendemiljön i stort.

Omställning av marknadsekonomin

Ändrade kapitalflöden, nya sätt att finansiera omställningen och ”deinvestering”

Finanskapitalismen måste till att börja med begränsas

genom att demokratin återtar den avgörande makten och kontrollen över hur pengarna i samhället utformas, framställs och fördelas. Det gäller inte minst behovet av att komma tillrätta med svårigheterna att få finansiering för utvecklingen av lokala och sociala ekonomier, till omställningsinitiativ, sociala innovationer och landsbygdsutveckling.[51] Omställningen bygger istället på och vidareutvecklar finansiella eller försörjande system som har en demokratisk och lokal förankring, till exempel lokala sparkassor, komplementära valutor och system för byten av varor och tjänster. Att omställningen förutsätter stora investeringar i bland annat förnyelsebar energi och nya system för livsmedelsförsörjning och transporter innebär att det behövs en omfattande förändring av de offentliga finansiella systemen, från att bygga på kapitalackumulation (eller BNP-tillväxt) i exempelvis pensionsfonder och kortsiktiga investeringar i fossila bränslen, till att fungera som en viktig del i omställningen.

Alla kapitalflöden och investeringar i kommuner, inom regioner och stater, granskas ur ett omställningsperspektiv och styrs om när de inte gagnar eller motverkar omställningen. Allt kapital som har investerats i företag och organisationer som motverkar omställningen (i första hand de som exploaterar fossila bränslen) flyttas till de som i stället gynnar samhällets omställning, genom s.k. deinvestering.[52]

Statliga, regionala och lokala omställningsfonder

För att finansiera omställningen skapas statliga, regionala

och lokala omställningsfonder för nya, innovativa lösningar. Fonderna förvaltas demokratiskt och skapas för att finansiera det omställningsarbete som görs vid sidan om den dominerande ekonomin och för att bygga lokala och sociala ekonomier. De är också utformade som ett alternativ till byråkratiska system med projektfinansiering, som i praktiken utestänger en stor del av de lokala initiativen.[53] Det kan även vara fonder som tillkommer genom naturresursbaserade intäkter, exempelvis från vind- och vattenkraft.[54]

Ändrade system för offentlig upphandling

Ett konkret sätt att påbörja omställningen av marknadsekonomin kan vara ändrade system för offentlig upphandling. Systemen omprövas då ur ett omställningsperspektiv och förändras genom till exempel upphandlingar där miljömässiga och sociala kriterier avgör. Det finns också exempel på nya lösningar ("innovativ upphandling") och på kommuner och regioner som med framgång har börjat ställa sådana krav.[55] På längre sikt behövs överhuvudtaget närmare och mer långsiktig samverkan mellan offentlig verksamhet och lokala producenter, dels för att kunna upprätthålla en tillräckligt hög grad av självförsörjning, dels för att skapa en stabilare ekonomisk grund för närproducerade varor och tjänster.

Omprioriteringar av investeringar i teknikutveckling och helhetslösningar

Problemen kan inte lösas enbart med ny teknik. Den

nuvarande hållbarhetspolitiken bygger på en överdriven teknikoptimism och på tekniska lösningar som förutsätter en fortsatt ohållbar exploatering av människor och ändliga naturresurser.[56] All teknik gagnar inte heller omställningen utan kan tvärtom motverka den och vara direkt skadlig. Att teknikutveckling och innovationer styrs och begränsas av den nuvarande ekonomins syften innebär också ett problem i sig. Idag finns i stort sett all kunskap och teknik som behövs för att klara omställningen, problemet är dels att den hindras av andra, kortsiktiga och privata eller nationella intressen, dels inte ses i ett långsiktigt helhetsperspektiv. Det behövs därför ändrade, breddade och mer holistiska synsätt, och omfattande omprioriteringar av investeringarna i teknikutveckling och innovationer.[57] I stället för att betrakta utvecklingen av ny teknik som ett överordnat mål prioriterar omställningens politik helhetslösningar där tekniken kombineras med innovativa sociala, organisatoriska och ekonomiska lösningar. Det betyder även att etiska överväganden och livscykelanalyser väger betydligt tyngre än vad de har gjort hittills. Samhällsomställningen innebär överhuvudtaget ett stort behov av småskaliga innovativa lösningar och ett nytänkande som kombinerar ny teknik med nya sätt att organisera ekonomin och samhället i stort.

Prioritering av gemensamt ägande, delande och nedskalning

Det är inte hållbart att medborgare i världens rikare länder äger och konsumerar så stora mängder produkter som är fallet idag. Det behövs i princip en minskning av all konsumtion och energiförbrukning, men också en medvetenhet om vilken konsumtion som gör störst avtryck. Omställningen av konsumtionen innebär en generellt nedskalad, minskad och lokaliserad konsumtion och att de mest belastande produkterna avvecklas eller ersätts med verkligt hållbara produkter.

Omställningen prioriterar gemensamt ägande, delande, hushållande och återanvändning framför att ansvaret åläggs den enskilda konsumenten. Idag utvecklas produkter framför allt för att generera en så stor ekonomisk vinst som möjligt – omställningen av ekonomin ändrar det till att produkter i första hand utvecklas för att vara så hållbara som möjligt.

Lokalisering av ekonomin i stället för globalisering

Den nuvarande formen av globalisering är ohållbar. Globaliseringen bygger på global produktion, konsumtion och konkurrens utan hänsyn till varken de planetära gränserna, världens lokalsamhällen eller människors sociala trygghet. Den slår ut lokala ekonomier och förutsätter ett globalt transportsystem som till största delen drivs av fossila bränslen. I stället för utarmningen av lokalsamhällen och lokala ekonomier vänder politiken utvecklingen till det lokalas förmån. Politiken innebär överhuvudtaget en så långtgående lokalisering av all varu-, mat- och tjänsteproduktion som möjligt. De globala transporterna skalas ned till ett minimum. Det som inte behöver transporteras fysiskt (det immateriella) – kunskaper, tekniker, kultur, information, idéer – behöver däremot finnas i fria och öppna globala utbyten och samarbeten.[58]

Övergång till en lokal, hushållande och cirkulär ekonomi

Omställningens politik ersätter kapitalismen med en annan form av ekonomi – med en väsentligen lokal, hushållande och cirkulär ekonomi. Den omställda ekonomin kan inte vara "frikopplad", det vill säga oberoende av de planetära gränserna och ansvarstagandet för livsförutsättningarna; den måste istället vara "platsbunden", ansvarig och verksam inom de givna ramarna.[59] Det betyder att ekonomin ingår i naturliga (cirkulära) kretslopp, att återvinning och återbruk blir en given utgångspunkt för all produktion och konsumtion. Därmed ändras synsättet på och förståelsen för vad ekonomi är.[60] Den lokala ekonomin tar (generellt) större hänsyn till bevarandet av livsmiljöer och förutsättningarna för framtida försörjning. Omställningen skapar och gynnar lokala marknader, lokal handel och konsumtion av närproducerade varor och livsmedel. Det blir då en i högre grad blandad, social och resilient ekonomi som främjar samarbeten och bygger förtroende.[61] Lokalsamhället stärks och blir mindre sårbart. Den omställda ekonomin innebär också ett värdesättande av all produktiv, hushållande verksamhet och social omsorg, och av de ekosystemtjänster som idag överutnyttjas och anses vara "gratis".

Lokal ekonomisk analys (LEA) och utveckling av lokalsamhällen

För att få ett underlag (en kartläggning) som visar vilket kapital som finns i ett lokalsamhälle, hur det används och kan gagna omställningen görs lokala ekonomiska analyser (LEA). Analysen visar både förutsättningarna för och möjligheterna till lokal ekonomisk utveckling. Av kartläggningen framgår också var kapital "läcker" ut ur lokalsamhället (en stor del är vanligtvis inköp av olja, bensin, diesel och gas, och utgifter för energi och el). Meningen är att kapitalet i stället ska finnas kvar, cirkulera inom och gynna lokalsamhället.

Den nyliberala politikens nedrustning av lokalsamhällen utanför tillväxtekonomins centrum bryts och ersätts med en politik för återuppbyggnad av den lokala servicen och sociala omsorgen. Lokalsamhällenas skolor och affärer behålls och utvecklas i samspel med den omgivande lokala ekonomin. Det möjliggörs bland annat genom nya lösningar för finansiering och den lokala ekonomiska analysen.

Utveckling av befintliga lokala, sociala och självhushållande ekonomier

Vid sidan om den dominerande tillväxtekonomin finns lokala, sociala och självhushållande ekonomier som inte sätter tillväxten eller ekonomin som mål i sig, utan där ekonomin är underordnad samhällsnyttan och självförsörjande. De förekommer oftast i småskaliga och mindre byråkratiserade former, i form av små företag, ekonomiska föreningar eller lokalt förankrade kooperativ. Dessa ekonomier är idag marginaliserade och utarmade, men utgör en viktig tillgång för omställningen som konkreta exempel på fungerande, hushållande (hållbara) ekonomier.

Detsamma gäller exempelvis egenproduktion av förnyelsebar energi, egenodling och tillvaratagande av frukt, bär och växter. Alla sådana gemensamma och självförsörjande verksamheter stöds och utvecklas av omställningens politik. Överhuvudtaget tillmäts den s.k. tredje sektorn, civilsamhället och föreningslivet större betydelse och ges bättre förutsättningar att arbeta långsiktigt med samhällets hållbara utveckling. Till civilsamhället hör då också de sociala rörelserna.

Omställning av den offentliga sektorn

Demokratiserad samhällsplanering

I och med samhällsomställningen får staten, regionerna och kommunerna en ny, överordnad uppgift och måste själv ställas om. Det innebär bland annat att planeringen, användningen och underhållet av vägar, järnvägar, flygtrafik, IT, elnät, vatten och avlopp, etc. styrs demokratiskt och får nya mål. Det blir då en del av samhällsplaneringen fram till de år då hållbarhetsmålen ska nås.

Kommunala översiktsplaner (ÖP) används som ett verktyg och fungerar i praktiken som omställningsplaner för samhällets infrastruktur och användning av mark och vatten. Även här gäller att komma fram till nya helhetslösningar, där alla hållbarhetsaspekter vägs in och samspelar för att möjliggöra samhällsomställningen.

Demokratiserade offentliga verksamheter, minimerad byråkrati och övergivande av new public management

Omställningens politik är en politik som vänder sig till människans förmåga till etiskt ansvarstagande och kreativitet. I en situation där ekosystemen, samhällsutvecklingen och de framtida förhållandena är destabiliserade och exceptionellt oförutsägbara är det byråkratiska sättet att hantera problem på olämpligt. Vad som behövs är förmågan att vara optimalt innovativ och öppen för det oväntade. De lösningar som tas fram måste vara långsiktiga, bygga på en helhetssyn och vara oberoende av kortsiktig och ekonomiskt begränsad administration och s.k. stuprör. Det behövs också en stark "moralisk kompass" och drivkraft – det vill säga att det etiska kravet och viljan till ansvarstagande bejakas. De byråkratiska systemen har ingen sådan inbyggd drivkraft eller kompass, de har andra syften och fungerar i praktiken framför allt som tvångs- och kontrollsystem.[62] I motsats till byråkratin bygger omställningens politik på drivkraften att värna livet och på att människor får använda sina kreativa förmågor för det gemensamma bästa.

Inom offentlig verksamhet överges den "ekonomism" och *new public management* som sätter ekonomin eller tillväxten främst och som ett mål i sig. Det överordnade målet för verksamheterna måste vara att leva upp till sociala mål och miljömål, inte att "hålla budgeten". De ändrade målen innebär en genomgripande avbyråkratisering och demokratisering av de offentliga verksamheterna. I praktiken får personalen större möjligheter att påverka omställningen och att utveckla nya lösningar. Med en ändrad styrning av offentlig verksamhet blir det också möjligt att planera mer långsiktigt och på sätt som bättre tillvaratar personalens vilja att vara delaktig i verksamhetsutvecklingen.

Lokaliserad vård och omsorg, rimlig välfärd och prioritering av förebyggande insatser

Området vård och omsorg står inför en omfattande förändring på grund av det stora beroendet av framför allt olja, men också på grund av de brister och den sårbarhet som har blottats under pandemin. Sjukvårdssystemen är i hög grad storskaliga, centraliserade och använder mer oljebaserade produkter (plaster) än andra samhällssektorer. Tvärtemot den rådande trenden innebär omställningen en lokalisering även av samhällets vård och omsorg, återskapande av lokala vårdinrättningar, återupprättad lagerhållning och uppvärdering av vårdpersonalens arbete. Det måste också vara en högt prioriterad uppgift att göra en fullständig genomlysning av hur oljeberoendet kan minskas successivt och att ta fram planer för genomförandet av omställningen inom vården.

Här ställs även frågan om vad som är en *rimlig välfärd*, det vill säga en välfärd som uppfyller människors grundläggande behov och ger ett socialt fundament att stå på, men inom det ekologiska ”tak” som sätts av de planetära gränserna.[63] I och med den minskade överkonsumtionen av bland annat klimatbelastande livsmedel och minskad biläkning kan också människors hälsa förbättras betydligt. Omställningens politik prioriterar förebyggande insatser och är överhuvudtaget en politik för omsorg om människors fysiska och psykiska välmående.

Prioritering av forskning för samhällets omställning och utveckling av eftersatta kunskapsområden

Omställningens politik bygger på och är lyhörd för aktuell forskning och vetenskap. Det är en politik som är beredd att ompröva sina ståndpunkter och förslag till lösningar utifrån vad forskningen kommer fram till. I den allvarliga situation omställningen ska hantera är det inte lämpligt att beslutsunderlag beställs från konsultbolag och liknande aktörer med egna intressen och agendor.

Historiskt sett har vetenskapen också bidragit till exploateringen av naturresurserna ("triumferat över naturen"). Därför behövs även en kritisk prövning av forskningens utgångspunkter och synsätt.[64] Det är också givet att politiken ska stödja och prioritera all forskning som bidrar till omställningen och som tillhandahåller de kunskapsunderlag som behövs. Omställningen medför ett behov av att utveckla ny kunskap och forskning inom en rad områden. Det gäller bland annat forskning inom det etiska och filosofiska området, inom området för demokratiutveckling och politisk teori, inom området lokal, social och cirkulär ekonomi, inom området naturens och människans rättigheter, samt inom didaktiken och pedagogiken. Områdena är eftersatta eftersom de inte bidrar till tillväxtekonomin utan tvärtom ofta har en kritisk ansats.

Nya utbildningsbehov och en pedagogik för planetär överlevnad

Omställningens politik prioriterar utvecklingen av ett lärande och en pedagogik för planetär överlevnad. Inom det nuvarande skol- och utbildningssystemet läggs tonvikten vid att lära eleverna hur de ska klara sig som individer, inte vid hur vi gemensamt ska klara omställningen.[65] Liksom all annan offentlig verksamhet präglas systemen av ökad byråkratisk styrning, de har också riktats om mot ett ensidigt lärande för entreprenörskap, meritering och betyg.[66] Det betyder att utbildningens mål måste bli ett annat, mindre inriktat mot konkurrenstänkande och mer av ett lärande för den gemensamma överlevnaden.

Eftersom utbildningssystemet, synen på utbildning och utbildningens mål förändras i grunden behövs också en ny pedagogik – *omställningens pedagogik*. Pedagogikens givna utgångspunkt är förståelsen för den allvarliga situation vi befinner oss i. Förståelsen för situationen är också en livsförståelse och en insikt om ansvaret för att bevara livsbetingelserna.

I och med att omställningen skapar ett stort utbildningsbehov kommer den att prioritera utbildningar till delvis nya yrken och inom eftersatta områden; men innebär också att andra utbildningar blir mindre relevanta och nedprioriterade. Utbildningsinsatserna kommer att ha ett längre tidsperspektiv, med sikte på exempelvis en omställd energi- och livsmedelssektor. Det medför ett större behov av vuxenutbildning. Eftersom politiken prioriterar de sociala och kulturella målen högre blir det också utbildningsområden som tillmäts större betydelse i hela utbildningssystemet, det vill säga redan från grundskolan. Omställningens politik inför också den nya pedagogik – omställningens pedagogik – som ska vara vägledande för all utbildning. Politiken kommer därför att göra utbildningssatsningar dels på utvecklingen av själva pedagogiken, dels på pedagogisk utbildning av lärare och överhuvudtaget i samhället.

POLITIKENS GENOMFÖRANDE – ORGANISERING, PLANERING OCH KONSTITUERING

> ”... demokratin vecklas inte ut rationellt, utan genom samhällskrafternas spel; demokratin är aldrig färdig, utan ständigt pågående ... Sätter man in dagens representativa demokrati på nationalstatlig grund i den politiska utvecklingens långa cykler framstår den som en begränsad fas av demokratins historiska rörelse. Denna fas nalkas sitt slut.”
> – Stefan Jonsson, Tre revolutioner (2005, s. 194)

Organiseringen av omställningens politik kan jämföras med folkrörelsernas uppbyggnad genom skapandet av egna organisationer som rörelsens bas. Skillnaden är nu dels att det ska vara en rörelse av rörelser, dels situationens exceptionella, brådskande, tvingande och omfattande karaktär. I stället för en organisering av klasser, ideologiska åskådningar eller olika samhällsintressen behövs nu att människor och rörelser, organisationer, föreningar och nätverk samlas för att samråda. I stället för den nationalstatliga ramen gäller att samtidigt se till både det lokala och det globala (den ”glokala” dimensionen). I stället för hierarkiska och byråkratiska organisationer behövs ”platta”, rörliga organisationer med ett minimum av byråkrati. Den demokratiska processen drivs ”nerifrån-upp”.

All organisering görs enligt demokratins grundläggande principer – det måste vara öppna, transparenta organisationer präglade av jämlika förhållanden, jämställdhet, mångfald och respekt för varje individs rättigheter.

Man kan se det som att omställningens politik genomförs i sju steg, från den lokala till den globala nivån.[67] I praktiken går dessa steg naturligtvis in i varandra och ska inte heller förstås som en mall som alla måste följa. Det viktiga är att kunna se hur omställningen ska göras ända fram till den punkt när den omfattar hela samhället.

Steg ett – lokala forum för samtal

Politiken börjar lokalt, på plats i lokalsamhället – i byn, bygden, orten, stadsdelen eller staden. Här handlar det först och främst om att lägga den demokratiska grunden genom att bilda lokala forum för samtal. Dessa forum återupprättar *agoran*, demokratins ursprungliga plats där människor – fria individer, gelikar med var sin unika röst – frivilligt möts ansikte mot ansikte för att samtala och samråda. Hit har alla medborgare tillträde.

Det mellanmänskliga mötet är en förutsättning för att bygga tillit och empati.[68] *Agoran* är demokratins minsta men också viktigaste och vanligaste beståndsdel; samtalet är etikens levande grund.[69] Här diskuteras samhällets mest angelägna frågor – i vår tid den uppkomna situationen och hur den ska hanteras i just detta samhälle. Det kan i princip börja med att två personer möts i ett öppet och levande samtal. Det kan vara ett forum som skapas på arbetsplatser eller helt enkelt på de naturliga mötesplatser som finns i lokalsamhället.

Steg två – arbetsgrupper, plattformar, nätverk och ideella föreningar

Här formerar sig det civila samhället i sin enklaste och mest lättillgängliga organisationsform. Organiseringen kan bygga på såväl mellanmänskliga möten som på digitala plattformar eller på en kombination av både och. Det rör sig om olika former av intressegemenskaper och om att skapa förutsättningar för att få en avgränsad uppgift utförd. Vilken form det blir beror på vad som är lämpligast med tanke på vad som ska göras. Syftet är ideellt – att genom frivilligt engagemang möjliggöra konkreta verksamheter med ideella mål. På så vis kan omställningsarbetet påbörjas med små och enkla medel. Plattformarna, nätverken och föreningarna kan också sträcka sig bortom det lokala. Men det sker nu inom ramen för den övergripande uppgiften att ställa om samhället och inom den överläggande demokratins ramar. Det blir alltså en fråga om att bilda en mängd olikartade och breda grupper eller nätverk för omställning.[70]

Steg tre – ekonomisk organisering och förvaltning

Poängen med den ekonomiska organiseringen är framför allt att börja bygga lokala ekonomier och att förvalta naturresurser eller allmänningar på ett sätt som tillämpar hållbarhetsprinciperna, det vill säga kretsloppstänkande, självförsörjning och hushållande med resurser. Det visar också hur den omställda ekonomin fungerar och att den kan resultera i nya arbetstillfällen. Det synliggör och omsätter innovativa lösningar i praktiken.

Den ekonomiska organiseringen och förvaltningen kan göras på flera sätt, det kan vara enskilda företag eller entreprenörer som engagerar sig i samhällsomställningen, och det kan vara en rad gemensamma organisationsformer, till exempel ekonomiska föreningar (kooperativ och sociala företag), bildande av lokala sparkassor eller fonder för omställning, pooler för gemensamt ägande, återbruks- och reparationsverkstäder, och självförvaltande organisationer. Självförvaltningen kan då också ses som en lokalt förankrad och demokratisk modell för förvaltningen av naturresurserna.

Steg fyra – centrum för omställning

Meningen med att bilda centrum för omställning är att skapa en ny form av organisation – en *omställningsorganisation*. Organisationen ska lokalt eller regionalt fungera som en öppen plattform för såväl samtal som ideella och ekonomiska föreningar. Det är här rörelsen av rörelser börjar ta form och kan samlas för att samråda. I praktiken kan det fungera både som ett demokratiskt forum och som en tankesmedja, som arbetar med att utveckla och föra ut omställningens politik i samhällsdiskussionen.

Organisationen är alltså en så komplett och mångfaldig organisation som möjligt. Varje omställningsorganisation kommer att vara unik i sin sammansättning eftersom den utgår från de lokala eller regionala förutsättningarna. Genom att samla alla delar av omställningen blir det också en kraftsamling och kreativ verkstad för idéutbyten och samverkan. Det blir en granskande och påtryckande kraft gentemot den etablerade politiken och ekonomin. Organisationen kan fungera som en plattform för kunskapsutveckling och för att kunna stötta lokala omställningsinitiativ. Plattformen kan också samla ett kluster av sociala företag för att samverka. Organisationen ska överhuvudtaget fungera som omställningens pådrivande nav.

Steg fem – omställningsplaner

Här följer politiken omställningsrörelsens modell från staden Kinsale på Irland – *Kinsale 2021. An energy descent action plan.*[71] Ett förslag tas fram av en arbetsgrupp med sakkunniga, dels i omställningsfrågor, dels ifråga om lokala förhållanden. Omställningsplanerna tas fram för varje lokalsamhälle eller stadsdel och beskriver konkreta lösningar inom både de globala och lokalt givna ramarna. De beskriver också de mål och visioner för platsen som blir utgångspunkten för *backcasting*, det vill säga att först fastställa målen och visionen för att kunna se vad som behöver göras varje år fram till dess. Planerna blir konkreta politiska förslag – det politiska ”program” som ska förankras och processas demokratiskt. Processen blir överläggande och upplyst, och involverar lokalbefolkningen genom att omställningsplanerna diskuteras i öppna rådslag. Meningen är att varje medborgare ska få möjligheten att vara delaktig i framtagandet av en konkret framtidsvision för den plats där hon eller han är bosatt. Det betyder också att var och en ställer sig frågan om hur det önskvärda framtida samhället ska se ut. Omställningsplanerna synliggör och konkretiserar omställningens politik: de gör det möjligt att se vad omställningen innebär på respektive plats och att skapa en gemensam framtidsvision. För att få syn på lokala utvecklingsmöjligheter utgår planerna från lokala ekonomiska analyser (LEA). Planerna blir då också planer för lokal ekonomisk utveckling.

På ett liknande sätt tar offentliga organisationer och företag fram omställningsplaner för sina verksamheter. Planen ska då visa hur organisationen eller företaget kan bli långsiktigt hållbart och inte gör ett större avtryck än vad det finns utrymme för. Organisationerna och företagen uppmanas att börja ta fram planerna omedelbart. De gör det då frivilligt och som ett etiskt ansvarstagande. Planeringen och genomförandet av planerna innebär en initiering av en demokratisk process, förslagsvis genom att göras i samarbete med reformerade fackföreningsrörelser, som får en ny roll och kan ställa krav på att företaget eller organisationen tar fram samt genomför planerna. De organisationer och företag som påbörjar omställningen blir också en del i den större rörelsen, en ”kritisk massa” som kan bli stor nog för att kunna påverka andra organisationer och företag. Planerna blir också planer för organisationernas och företagens hållbara utveckling.

Steg sex – politikens organisering, lokala nämnder och samråd

Initialt görs politiska upprop som kan samlas till kommunala, regionala och nationella listor, formellt i form av politiska partier (föreningar). Eftersom omställningens politik i grunden är en politik utan partier är det en anpassning till det nuvarande demokratiska och politiska systemet, som alltså i sig behöver ställas om. Det markeras genom att bildandet av den politiska föreningen kommuniceras som upprop och listor.

Parallellt skapas öppna politiska plattformar och nätverk med de sociala rörelser och föreningar som ansluter sig till politikens grunder, ramar och mål. Därmed bildas ett globalt nätverk av sammanlänkade grupper eller ”noder” utan centralmakt.[72] Det blir den rörelse av rörelser – en sammanhållen global social rörelse för omställning – som i princip kan omfatta hela världssamfundet och möjliggöra den globala omställningen. Rörelserna kan då också samlas till lokala, nationella och globala samråd kring politikens utformning och genomförande.

Genomförandet och förvaltandet av omställningsplanerna görs förslagsvis i en lokal, självförvaltande ”nämnd”.[73] Nämnden omfattar en mindre del av kommunen eller staden och inbegriper på så vis den lokala nivån. Nämnden är politiskt vald, men utan politiska partier.

Den bygger på en "samarbets- och konsensusdemokrati".[74] Lösningen möjliggör en mer omfattande lokal utveckling och service. Omställningens politik sprider och utvecklar det som en modell för demokratisk och politisk organisering, det vill säga inrättar lokala nämnder i bygder, mindre orter och stadsdelar. På så vis lokaliseras och decentraliseras det demokratiska systemet i sin helhet.

Steg sju – konstituering av omställningens politik

Den organiserade politikens övergripande mål är att få ett demokratiskt mandat för konstitueringen av omställningens politik och därmed för genomförandet av samhällsomställningen i sin helhet. Det initiala målet är att få mandat för konstituering och genomförande på den lokala eller kommunala nivån – för omställningen av ett lokalsamhälle – och möjligheter att direkt påverka beslut i kommuner, regioner och stater.

Beslutet om en ändrad konstitution innebär ett fastställande (lagstiftning) av demokratins och politikens nya former och grundläggande principer – det vill säga konstituering av en deliberativ demokratisk form med rådslag och samråd där mänskligheten och naturen företräds i en "planetär multikrati".[75] Därmed konstitueras överlevnadsmålet som suveränt.

UPPROP
FÖR EN GLOBAL OMSTÄLLNINGSRÖRELSE

Vi, som är de nittionio procenten, ser med oro på det som sker i världen idag. Vi kan inte se att världens makthavare förmår hantera den akuta klimat- och överlevnadskrisen eller att de politiska och ekonomiska systemen verkar för mänsklighetens bästa. Vad vi ser är ett pågående krig, militär kapprustning och en fortsatt förstörelse av planeten Jorden.

Vi inser att det är vi själva som måste göra omställningen. Vårt hopp om framtiden finns i en fredlig, demokratisk och politisk rörelse för ett skifte till den värld vi faktiskt vill ha: utan krig och hänsynslös exploatering av människor och natur, i fred och omsorg om livet.

I och med att vi ställer oss bakom detta upprop bildar vi den gemensamma rörelsen för genomförandet av omställningens politik. Politiken sammanfattas här i tolv punkter, som kan vara utgångspunkter för de förändringar som behöver göras i nuläget och som ger oss en möjlighet att kunna hantera den situation vi befinner oss i:

1. Omställningens politik tillämpas som en politik för omsorg. Det innebär att alla beslut vägleds av en etik vars bärande grund är människans kärlek till sina barn och omsorgen om deras framtid.

2. En garanterad social, ekonomisk och existentiell trygghet för alla. Världens medborgare försäkras rätten till en basinkomst och en rimlig välfärd.

3. Den kapitalistiska världsekonomi som bygger på och skapar ojämlika förhållanden, ständig överexploatering och konkurrens ersätts med en ”donutekonomi”, som håller sig inom de planetära gränserna, är resurshushållande och har sociala mål.

4. Jämlika, sammanhållna och solidariska samhällen. Prioriteringen av de sociala målen innebär ett utjämnande av klyftorna mellan världens rika och fattiga länder och mellan privilegierade samhällsklasser och underordnade grupper inom länderna.

5. Begränsad, fredlig och ansvarstagande globalisering. I stället för nyliberala och imperialistiska former av globalisering syftar utbyten mellan världens länder framför allt till bevarande av fred och samarbeten för gemensam hantering av klimat- och överlevnadskrisen.

6. Uppbyggnad av resilienta lokalsamhällen. I stället för ohämmad centralisering och urbanisering byggs samhällen med livskraftiga lokala ekonomier, med en levande och fungerande demokrati, och med väl utvecklade samhällsfunktioner som skolor, service, handel, vård och omsorg.

7. Säkrad livsmedelsförsörjning och tillgång till sjukvårdsmaterial i alla länder. Principen om matsuveränitet och egenproduktion av andra livsförnödenheter sätts före den globala livsmedels- och varuproduktionens intressen.

8. Säker, hållbar och förnyelsebar energiförsörjning. All utvinning och förbränning av fossila bränslen upphör omedelbart, samtidigt som det ersätts med mindre sårbara, lokalt ägda och gemensamma system för förnyelsebar energi.

9. En snabb och genomgripande övergång till ett hållbart skogsbruk. All skövling av världens skogar upphör, i stället tillämpas ett hyggesfritt kontinuitetsskogsbruk, som bevarar och främjar skogens ekologiska system.

10. En snabb och genomgripande omställning av trafik- och transportsystemen från prioriteringar av privatbilism och flyg till en fullt utvecklad kollektivtrafik och betydligt minskade transporter överhuvudtaget.

11. Storskaliga och omedelbara investeringar i omställningen. Samhällets kapital i t.ex. pensionsfonder flyttas från en ohållbar, spekulationsinriktad ekonomi till att användas och investeras i nödvändiga förändringar och åtgärder här och nu.

12. Samhällsinstitutioner som vi kan lita på. Institutionerna måste vara ansvarstagande, rättvisa och grundade i vetenskapens besked. Då förtjänar de också vår tillit.

FOTNOTER

[1] Se t.ex. Clive Hamilton, *Den trotsiga jorden. Människans öde i antropocen* (2018).

[2] Will Steffen et al, ”Planetary boundaries: Guiding human development on a changing planet” (*Science*, 2015). Med ”jordsystemet” menas ”de komplexa sambanden mellan mark, hav, atmosfär, inlandsisar, biologisk mångfald och oss människor”.

[3] Enligt den senaste rapporten från FN:s klimatpanel IPCC (2022) måste utsläppen av koldioxid börja minska före 2025 för att det ska vara möjligt att klara Parisavtalets mål att den globala uppvärmningen inte får överstiga 1,5°C.

[4] Detta är de beräknade följderna av klimatavtalet i Paris 2015, med en ansvarsfördelning som innebär att världens rikare länder går före. Ett föregångsland bör då ta sikte på nollutsläpp år 2030.

[5] Se t.ex. Världsnaturfonden, wwf.se. Avtrycket är idag 6,6 globala hektar, det utrymme som finns beräknas vara 1,7 hektar.

[6] Se t.ex. Lester R. Brown, *Hungerns planet. En Plan B-analys av den nya geopolitiken kring matbristen* (2012).

[7] Se t.ex. Kjell Aleklett, *En värld drogad av olja* (2015). Idag (2022) är cirka 85 % av världens energiförbrukning baserad på användning av fossila bränslen.

[8] I en forskningsrapport som redovisar kunskapsläget vad gäller kostnader och nyttor av att vidta klimatpolitiska åtgärder konstateras att forskningen ”indikerar med hög samstämmighet att det är samhällsekonomiskt effektivt att vidta klimatåtgärder”

samt att de beräkningar som gjorts ”mest troligt underskattar de verkliga kostnaderna”. Här dras också slutsatsen att kostnadsnyttoanalyser måste kompletteras ”med ett försiktighetstänkande som fokuserar på att med hög sannolikhet undvika de största riskerna”, vilket innebär en ”pliktetisk” utgångspunkt (Eva Alfredsson & Mikael Karlsson, *Klimatpolitik under osäkerhet. Kostnader och nyttor – bevis och beslut* (KTH, 2016), s. 4, 20, 26).

[9] Se t.ex. Andreas Malm, *Fossil Capital. The Rise of Steam Power and the Roots of Global Warming* (2016), och Robert Österbergh & Mikael Malmaeus (red.), *Ekonomi för antropocen. Skiftet till en hållbar värld* (2018).

[10] Alfredsson & Karlsson, *Klimatpolitik under osäkerhet*, s. 4. Jfr Claus Leggewie & Harald Welzer, *Slutet på världen så som vi känner den. Klimatet, framtiden och demokratins möjligheter* (2010).

[11] Se t.ex. Colin Crouch, *Postdemokrati* (2004/2011) och Wolfgang Streeck, *Köpt tid. Den demokratiska kapitalismens uppskjutna kris* (2013).

[12] Denna ekonomiska elit utgör den ”översta” samhällsklassen, ”plutokratin” eller en superclass, och är de som åsyftades när Occupy-rörelsen talade om ”de 1 procenten” (men är i själva verket ännu färre än så). Ett exempel är bröderna Koch i USA, som har ”spenderat tiotals miljarder på ekonomiskt stöd till republikanska kongressledamöter, konservativa tankesmedjor och grupper som motsätter sig åtgärder mot klimatförändringarna” (Guy Standing, *En färdplan för prekariatet* (2014), s. 24).

[13] Se t.ex. Alf Hornborg, *Kannibalernas maskerad. Pengar, teknik och global rättvisa i antropocen* (2021).

[14] Historiskt sett är det ingen omöjlighet – efter andra världskri-

get tvingades kapitalismen att underordna sig eller åtminstone kompromissa med byggandet av välfärdsstaterna. Streeck (2013) beskriver det som ett "tvångsäktenskap" mellan kapitalism och demokrati (*Köpt tid*, s. 22).

[15] Håkan Thörn, *Solidaritetens betydelse. Kampen mot apartheid i Sydafrika och framväxten av ett globalt civilsamhälle* (2010), Michael Hardt & Antonio Negri, *Multituden. Krig och demokrati i imperiets tidsålder* (2007).

[16] Se t.ex. Streeck (2013), s. 19–63, om den nuvarande kapitalismens finansiella och fiskala kriser.

[17] Se t.ex. Björn Forsberg, *Tillväxtens sista dagar – miljökamp om världsbilder* (2007).

[18] Crouch, Postdemokrati. Jfr James S. Fishkin, *När folket talar. Deliberativ demokrati och konsultation av allmänheten* (2011), s. 15–24.

[19] Se t.ex. Jan Olsson (red.), *Hållbar utveckling underifrån? Lokala politiska processer och etiska vägval* (2005), om bl.a. problem med "ekologisk modernism" och "grön kapitalism", som förutsätter att ny teknik och marknadsmekanismer ska kunna lösa hållbarhetsproblemen.

[20] Standing, *En färdplan för prekariatet*, s. 316, 331.

[21] Andra större nya sociala rörelser eller "utbrott" är t.ex. antiglobaliseringsrörelsen, den s.k. arabiska våren, Los Indignados och Occupy Wall Street. Jfr Manuel Castells, *Networks of Outrage and Hope. Social Movements in the Internet Age* (2012).

[22] Peter Kemp, Världsmedborgaren. *Politisk och pedagogisk filosofi för det 21 århundradet* (2005), s. 14: "... vi är världsmedborgare på ett

klot med ett gemensamt öde". Jfr Ivan Krastev, *Är morgondagen redan här? Hur pandemin förändrar Europa* (2020).

[23] Jfr Göran Bäckstrand, Kåre Olsson & Emin Tengström, *Behovet av en ny förståelse* (2010).

[24] Jfr Kate Raworth, *Donutekonomi. Sju principer för en framtida ekonomi* (2018).

[25] Jfr Martin Hägglund, *Vårt enda liv. Sekulär tro och andlig frihet* (2020).
[26] Streeck, *Köpt tid*, s. 22.

[27] Knud E Løgstrup, *Det etiska kravet* (1956/1994).

[28] Gustaf Wingren, förord till *Det etiska kravet*, s. 32. Jfr s. 17: "... kravet springer fram ur livets eget lopp som ständigt medför att vår medmänniskas liv är lagt i vår hand".

[29] Jonas, *Ansvarets princip*.

[30] Jfr Hamilton, *Den trotsiga planeten* (2018).

[31] Wingren, förord, s. 31, Løgstrup, Det etiska kravet, s. 52. Till de suveräna livsyttringarna hör tilliten till andra, kärlek, omsorg och förmågan till empati.

[32] Frågan drivs av rörelsen för naturens rättigheter (www.lodyn.se), som också vill införa en "ekocidlagstiftning", det vill säga att livsmiljöförstörelse (ekocid) ses som ett internationellt brott (se Nikolas Berg, Ingrid Berg & Martin Hultman, *Naturens rättigheter. Att skapa fred med jorden* (2020)).

[33] Bonderörelsen Via Campesina myntade begreppet på 1990-talet

och har idag stöd i en växande global rörelse (se www.viacampesina.org).

[34] I boken *En färdplan för prekariatet* är det första politiska förslaget (Artikel 1) att ”omdefiniera arbetet”: ”Alla former av arbete måste erkännas och värdesättas, inte bara lönearbete” (Standing 2014, s. 139).

[35]Ibid., s. 319, 283. Se även nätverket Basic Income Earth Network (BIEN).

[36] Hornborg, *Kannibalernas maskerad*, s. 294.

[37] Jfr Hägglund, *Vårt enda liv* (2020); också om att införandet av basinkomst är problematiskt i ett kapitalistiskt samhälle och därför bör vara en förändring som görs i transformationen till ett annat ekonomiskt system.

[38] Se t.ex. Richard Wilkinson & Kate Pickett, *Jämlikhetsanden. Därför är mer jämlika samhällen nästan alltid bättre samhällen* (2010).

[39] Se t.ex. Harald Welzer, *Klimatkrig. Varför människor dödar varandra på 2000-talet* (2009).

[40] Stefan Jonsson, *Tre revolutioner. En kort historia om folket* (2005), s. 192–200. Jfr Giorgio Agamben, *Homo sacer. Den suveräna makten och det nakna live*t (1995/2010).

[41] Demokratins nya form kan beskrivas som en planetär multikrati – det är inte folkets styre utan multitudens eller den mångfaldiga mängdens styre inom de planetära gränsernas ram.

[42] Kemp, *Världsmedborgaren*, s. 66. Om agoran, se t.ex. Bauman, *På spaning efter politiken*, s. 104–119.

[43] Omställningens politik har en ideologi i den grundläggande meningen att den bygger på ett "system av uppfattningar och värderingar" (SAOL). Det väsentliga är att denna ideologi bottnar i en etik och i ett erkännande av de planetära gränserna och den unika situationen, till skillnad från de etablerade politiska ideologierna. Etiken och erkännandet innebär att "det ideologiska" måste definieras på ett nytt sätt.

[44] Kemp, *Världsmedborgaren*, s. 90–95.

[45] Fishkin, *När folket talar*, s. 15–51.

[46] Elinor Ostrom, *Allmänningen som samhällsinstitution* (1990/2009).

[47] Hultman, *Den inställda omställningen*.

[48] Se t.ex. Björn Forsberg, *Omställningens tid. Tillväxtens slut och jakten på en hållbar framtid* (2012), s. 255–268, om exemplet Samsø.

[49] Mikael Karlsson, *Konsten att hugga träd och ha skogen kvar* (2021).

[50] Den totala klimatpåverkan från byggprocesser (mest nyproduktion och renoveringar av byggnader) i Sverige är i ungefär samma omfattning som utsläppen från alla personbilar (www.boverket.se).

[51] Se t.ex. NUTEK, *Lokal ekonomi för hållbar tillväxt* (2006), om problem med "finansiellt utanförskap".

[52] Se t.ex. Österbergh & Malmaeus, *Ekonomi för antropocen* (2018).

[53] Se t.ex. Mikrofonden Sverige (www.mikrofonden.se).

[54] Exempel är s.k. bygdepengar för vindkraft och Alaskafonden (jfr Standing, *En färdplan för prekariatet*, s. 292–301).

[55] Se t.ex. Sigrid Pettersén & Anette Jonsäll, *Slutrapport innovationsupphandling X* (2016).

[56] Se t.ex. Hornborg, *Myten om maskinen* och *Kannibalernas maskerad.*

[57] Jfr Martin Hultman, *Den inställda omställningen. Svensk energi- och miljöpolitik i möjligheternas tid 1980–1991* (2015).

[58] T.ex. menar Alf Hornborg att det behövs en ”klyvning av marknaden i en ’lokal’ och en ’global’ utbytessfär” för att ”skapa nya och långsiktiga incitament för hushållning med naturresurser” (*Myten om maskinen. Essäer om makt, modernitet och miljö*, 2010, s. 76).

[59] Lars Ingelstam, *Ekonomi på plats* (2006). Jfr Jonas, *Ansvarets princip*, s. 213–270, om problemen med ”det baconska idealet” (herraväldet över naturen), som återfinns både i kapitalismen och marxismen.

[60] Se t.ex. Eva Alfredsson & Anders Wijkman, *The Inclusive Green Economy. Shaping society to serve sustainability – minor adjustments or a paradigm shift?* (MISTRA, 2014).

[61] Se t.ex. Bengt Johannisson, ”Den lokala ekonomins kraftkällor” i *Lokal ekonomi för hållbar tillväxt* (NUTEK, 2006).

[62] David Graeber, *Reglernas utopi. Om teknologi, enfald och byråkratins hemliga fröjder* (2015), s. 22 f, om den ”totala byråkratiseringen”.

[63] Jfr Raworth, *Donutekonomi. Sju principer för en framtida ekonomi* (2018).

[64] Se t.ex. Carolyn Merchant, *Naturens död. Kvinnan, ekologin och den vetenskapliga revolutionen* (1994).

[65] Kemp, *Världsmedborgaren*, s. 35: ”Man lär sig alltså att klara sig i världen, men inte hur man kan bidra till att världen klarar sig”.

[66] Se t.ex. Eva Leffler & Ron Mahieu, ”Entreprenörskap: ett nytt fostransprojekt” (2010), om skiftet från medborgarfostran till marknadsekonomisk fostran, ”genom att utbildning i ökande grad relateras till den ekonomiska politiken”.

[67] Jfr omställningens ”sju principer” och de ”tolv stegen”, se t.ex. *Sverige ställer om* (HSSL, 2012), s. 23.

[68] Se t.ex. Sherry Turkle, *Tillbaka till samtalet. Samtalets kraft i en digital tid* (2017).

[69] Se t.ex. Henry Cöster, *Att kunna tala allvar med sig själv. Utkast till välfärdsskyddets etik och värdegrund* (2003), s. 71–80, och Curt Räftegård, *Pratet som demokratiskt verktyg. Om möjligheten till en kommunikativ demokrati* (1998).

[70] Exempel är förekommande odlings- och omställningsgrupper, omställningsnätverk och t.ex. organisering av utbildningar, kurser, studiecirklar och Framtidsveckor.

[71] Rob Hopkins (ed.), Kinsale Further Education College, 2005. Ett annat känt exempel är omställningsplanen för Bristol i England, *Building a positive future for Bristol after Peak Oil* (The Bristol Partnership & Bristol Green Capital, 2008). I Sverige finns liknande planer för Alingsås och Söderhamn: Anders Linde, *Alingsås exponering mot minskat globalt utbud av fossila bränslen* (Glantz Arkitektstudio AB & Alingsås kommun, 2011), Anders Persson, Annika Thornton & Mikael Vallström, *Norrskenet 2030. Omställningsplan för en hållbar stadsdel* (Södra Norrlands omställningscentrum, 2016), Mikael Vallström (red.), *Trönöbygdens framtid i egna händer* (FoU Söderhamn/CFL, 2012).

[72] Jonsson, *Tre revolutioner*, s. 197.

[73] Ett exempel är Svågadalsnämnden i Hudiksvalls kommun.

[74] Jan Olsson & Ann-Sofie Lennqvist-Lindén, ”Representativ demokrati utan partier. Vad kan vi lära från Svågadalsnämnden?” (*Kommunal ekonomi och politik*, 2006).

[75] Jfr Fishkin, *När folket talar*.

[76] Mikael Vallström, *Kärlekens etik, omsorgens politik*. Humanistisk appell för en levande Jord (2021).